Bibliografische Information der Deutschen Nationalbibliothek:

Die Deutsche Bibliothek verzeichnet diese Publikation in der Deutschen National-
bibliografie; detaillierte bibliografische Daten sind im Internet über http://dnb.d-
nb.de/ abrufbar.

Impressum:

Copyright © 2009 GRIN Verlag, Open Publishing GmbH
Druck und Bindung: Books on Demand GmbH, Norderstedt Germany
ISBN: 9783640571659

Dieses Buch bei GRIN:

http://www.grin.com/de/e-book/147148/regionalentwicklung-und-regionalfoerde-
rung-in-der-slowakei-ungarn-und

Robert Kriegisch

Regionalentwicklung und Regionalförderung in der Slowakei, Ungarn und Slowenien

GRIN Verlag

Große Exkursion Slowakei – Ungarn – Slowenien

Sommersemester 2009

Regionalförderung und Regionalentwicklung in der Slowakei, Ungarn und Slowenien.

Kriegisch, Robert

Bachelor Anthropogeographie
4. Semester

Abgabe: Montag, den 31. August 2009

Vorwort

Vorab möchte ich darauf hinweisen, dass das Thema, um den Umfang dieser Arbeit nicht zu überschreiten und trotzdem auf alle relevanten Details eingehen zu können, etwas abgeändert bearbeitet wurde. So wird in den folgen Ausführungen zwar auf alle thematisierten und während der Exkursion im Oktober 2009 voraussichtlich besuchten Staaten eingegangen, das Hauptaugenmerk wird aber auf Slowenien gerichtet sein. Dies hat neben dem begrenzten Umfang dieser Arbeit auch noch weitere Gründe.

Einerseits kann Slowenien auf Grund des zu den anderen Staaten recht ähnlichen Entwicklungsstandes und der vergleichbaren ökonomischen, politischen, sozialen und demographischen Strukturen als vergleichbares und somit recht repräsentatives Beispiel für alle in der EU-Osterweiterung im Jahr 2004 eingegliederten Staaten herangezogen werden. Diese Vergleichsmöglichkeit ist weiterhin durch die Grundlage der gleichen politischen EU-Regionalpolitik in besonderem Maße gegeben.

Andererseits fiel die Entscheidung gezielt auf Slowenien, da im Rahmen der Exkursion in diesem Staat unter Anderem auch zwei regionalpolitisch sehr interessante Destinationen besucht werden sollen, anhand derer die Thematik in der Praxis vor Ort veranschaulicht werden kann. Auch in der Seminararbeit selbst soll die Regionalpolitik insbesondere anhand dieser Exkursionsziele veranschaulicht und diskutiert werden.

Die hier beschriebenen Änderungen beziehungsweise Schwerpunkte dieser Arbeit wurden in Absprache mit Herrn Jonas König vorgenommen.

Robert Kriegisch

Inhaltsverzeichnis:

Abbildungsverzeichnis:

Tabellenverzeichnis:

1. Überblick über das Thema

Das Ziel dieser Arbeit ist es, die Grundzüge der Regionalpolitik in der Slowakei, Ungarn und Slowenien zu erläutern, sowie die zugrunde liegenden regionalpolitischen Leitbilder der Europäischen Union (EU) bezüglich ihrer Anwendbarkeit im Teilraum der EU-Osterweiterung anhand von ausgewählten regionalen Einheiten kritisch zu diskutieren.

Genauer gesagt soll hier untersucht werden, wie sich die EU-Regionalpolitik bisher entwickelt hat, was ihre aktuellen Ziele – vor allem für die Staaten der Osterweiterung - sind und welche Maßnahmen ergriffen werden, um diese umzusetzen.

Daraufhin soll beispielhaft für Slowenien untersucht werden, inwiefern diese Vorgaben, Richtlinien und Leitbilder der EU durch die Instanzen der untergeordneten Planungsebenen beachtet und umgesetzt werden und welche Auswirkungen die politischen Maßnahmen auf regionale Teilräume haben und ob sie dort bisher zu einer Verbesserung der Gesamtsituation geführt haben oder voraussichtlich führen werden.

Letztendlich soll noch an Hand der Interpretation spezieller Szenarien, eines integrierten Lösungsansatzes und unter Berücksichtigung der regionalen also exekutiven Planungsebene versucht werden, eine potenzielle Entwicklung der Regionen zu veranschaulichen.

2. Entwicklung der EU-Regionalpolitik

Ein Überblick über die Entwicklung der Regionalpolitik in der EU ist die Basis für das Verständnis der aktuellen Leitbilder. Gerade die territorialen und somit oft auch demographischen, kulturellen und ökonomischen Veränderungen, die durch die verschiedenen Erweiterungsschritte der EU wirksam wurden, machen eine spezielle Anpassung und Neuorganisation der europäischen Politik notwendig, um eine gezielte Annäherung zu erreichen und somit als überstaatliche politische und ökonomische Einheit zusammenwachsen und funktionieren zu können.

2.1. EU-Regionalpolitik bis 1999

Die EU besteht auf Grundlage des Vertrags über die Europäische Union seit dem 1. November 1993, doch bereits vorher gab es Ansätze einer gemeinsamen Regionalpolitik in Europa. Schon im Jahr 1957 wurde in der Präambel des Vertrags von Rom zur Gründung der Europäischen Wirtschaftsgemeinschaft (EWG) das Bestreben der Vertragspartner ausgedrückt, „ihre Volkswirtschaften zu einigen und deren harmonische Entwicklung zu fördern, indem sie den Abstand zwischen einzelnen Gebieten und den Rückstand weniger begünstigter Gebiete verringern." (Vertrag zur Gründung der EWG 1957: 165) Des Weiteren wurde bereits 1975 der EFRE[1] ins Leben gerufen, der bis heute besteht und einen Teil der von den einzelnen Staaten geleisteten Beiträge für die Entwicklung benachteiligter Regionen bereitstellen soll. (vgl. INFOREGIO – Geschichtlicher Überblick 2008) Im Rahmen des bereits erwähnten Vertrages über die Europäische Union wird als nächster großer Schritt in der Entwicklung der Regionalpolitik der Kohäsionsfonds eingerichtet. „Der Kohäsionsfonds ist ein Strukturinstrument, das seit 1994 Mitgliedstaaten hilft, wirtschaftliche und soziale Disparitäten zu verringern und ihre Wirtschaft zu stabilisieren." (INFOREGIO – Der Kohäsionsfonds auf einen Blick 2008) Die untersuchten Staaten Slowakei, Ungarn und Slowenien profitieren sowohl vom EFRE als auch vom Kohäsionsfonds, der ebenfalls bis heute Bestand hat. Für diese Strukturfonds wird jährlich etwa ein Drittel des Gesamthaushaltes der EU bereitgestellt.

2.2. EU-Regionalpolitik von 2000 – 2006

Ab dem Jahr 2000 ist regionalpolitisch besonders hervorzuheben, dass die oben genannten Strukturfonds weit reichend reformiert wurden. Hier stand besonders die kommende Veränderung der Anforderungen an die Regionalpolitik im Vordergrund, die sich aus der EU-Osterweiterung im Jahre 2004 ergeben würde.

Das strukturpolitische Instrument zur Vorbereitung auf den Beitritt (ISPA) und das Heranführungsinstrument für die Landwirtschaft (Sapard) sollen das Programm Phare, das es seit 1989 gibt, ergänzen, um die Entwicklung der Beitrittskandidaten aus Mittel- und Osteuropa, zu denen auch die Slowakei, Ungarn und Slowenien gehören, zu fördern. Diese Programme dienten in erster Linie der Stärkung der Institutionen und der Verwaltungskapazität, sowie der Finanzierung notwendiger Investitionen (vgl. EUROPÄISCHE KOMISSION – Das Programm Phare 2007) um die Beitrittsländer sowohl von ihrer staatlichen als auch von ihrer wirtschaftlichen Struktur her schon vorab möglichst gut an die EU anzugleichen, um den Beitritt zu erleichtern und Anpassungsprobleme zu minimieren.

---

[1] EFRE: Europäischer Fond für regionale Entwicklung

Im Jahr 2000 wurde darüber hinaus im Rahmen der Lissabon-Strategie vom Europäischen Rat eine auf Wachstum und Beschäftigung konzentrierte Politik beschlossen, „um die Union „bis zum Jahr 2010 zum wettbewerbsfähigsten und dynamischsten wissensbasierten Wirtschaftsraum der Welt" zu machen. Der Rat von Göteborg ergänzt diese Strategie um das Prinzip der nachhaltigen Entwicklung." (INFOREGIO – Geschichtlicher Überblick 2008)

2.3. EU-Regionalpolitik von 2007- 2013

Am 6. Oktober 2006 nahm der Rat die Gemeinschaftlichen Leitlinien zur Kohäsion an und legte damit den Grundstein für die Prinzipien und die Prioritäten der neuen Politik für den Zeitraum 2007-2013. In diesen Leitlinien sind die Grundsätze und Prioritäten der Kohäsionspolitik beschrieben, an denen sich die Mitgliedsländer bei der Ausarbeitung ihrer einzelstaatlichen strategischen Rahmenpläne[2] orientieren sollen. Somit sollen die zur Verfügung gestellten EU-Gelder für folgende Prioritäten verwendet werden:

- „Verbesserung der Attraktivität der Mitgliedstaaten, der Regionen und der Städte durch Verbesserung der Anbindung, Gewährleistung einer angemessenen Dienstleistungsqualität und eines angemessenen Dienstleistungsniveaus sowie durch Erhaltung der Umwelt,
- Ausbau der Forschungs- und Innovationskapazitäten, auch unter Nutzung der neuen Informations- und Kommunikationstechnologien, und
- Schaffung von mehr und besseren Arbeitsplätzen, indem mehr Menschen in ein Beschäftigungsverhältnis oder eine unternehmerische Tätigkeit geführt, die Anpassungsfähigkeit der Arbeitskräfte und der Unternehmen verbessert und die Investitionen in das Humankapital gesteigert werden." (AMTSBLATT DER EU 2006: 4)

Zur Förderung der Regionalenwicklung wurden weiterhin zahlreiche Programme ins Leben gerufen, zum Beispiel das INTERREG IVC im Rahmen des europäischen Sozialfonds (ESF). Das Ziel dieses Programms ist es, durch interregionale Kooperation die Effektivität regionaler Entwicklungspolitik zu verbessern und zur Modernisierung der

---

[2] Dieses Dokument soll dafür sorgen, dass die Förderung durch die EU-Strukturfonds mit den strategischen Zielen und Prioritäten der EU-Kohäsionspolitik übereinstimmt. Der Plan enthält neben einer ausführlichen Analyse der Stärken und Schwächen der geförderten Gebiete auch eine Darstellung der jeweiligen Förderstrategie. (vgl. Bundesministerium für Wirtschaft und Technologie 2009)

Wirtschaft und zur Steigerung der Wettbewerbsfähigkeit Europas beizutragen. (vgl. INTERREG IVC 2009)

3. Der Zielkonflikt – Ausgleich versus Wachstum

In der bereits erläuterten Entwicklung der europäischen Union kam es durch mehrere Erweiterungen zu einem erheblichen regionalpolitischen Handlungsbedarf. Waren zu Gründungszeiten die Mitgliedsstaaten noch auf einem recht ähnlichen ökonomischen und sozialen Niveau, kam es bereits durch die Süderweiterung[3] zu einem großen Entwicklungsgefälle innerhalb des Staatenbundes. Um diese Ungleichheiten kompensieren zu können, musste regionalpolitisch gehandelt werden und es wurden Fonds geschaffen, die zur Angleichung der Lebensverhältnisse beitragen sollten. Durch die Osterweiterung der EU mussten nun seit 2004 weitaus drastischere Entwicklungsrückstände zwischen den alten und neuen Mitgliedsstaaten ausgeglichen werden. Auch hier versucht die EU nun im Rahmen ihrer Regionalpolitik eine Umverteilung der Ressourcen aus den reicheren in die ärmeren Gebiete durch die Ausweitung der Strukturfonds zu erreichen. So sollen rückständige Regionen modernisiert werden und Anschluss an die anderen Länder der Union finden. Diese finanzielle Solidarität soll wichtige Impulse für Kohäsion und wirtschaftliche Integration geben: „Solidarität zielt darauf ab, den am stärksten benachteiligten Bürgern und Regionen spürbar zu helfen; dem Streben nach Kohäsion liegt die Annahme zugrunde, dass wir alle davon profitieren, wenn sich die Einkommens- und Wohlstandskluft zwischen unseren Regionen verringert." (EU 2008)

Auf überstaatlicher Ebene kann also durchaus davon gesprochen werden, dass die EU eine Ausgleichspolitik verfolgt. Hier steht nun das traditionelle Ziel im Vordergrund, im Gesamtraum eine Angleichung der Lebensverhältnisse zu erreichen und räumliche Disparitäten abzubauen. Bei näherer Betrachtung der räumlichen Auswirkungen verschiedener EU-Politikbereiche zeigt sich, dass ein Teil der Maßnahmen darauf abzielt, die Auswirkungen des steigenden Wettbewerbs durch eine Konzentration der Förderungen auf ausgewählte Wachstumspole innerhalb der unterentwickelten Mitgliedstaaten zu kompensieren. „Auf diese Art erfüllt die EU die widersprüchlichen Ziele Wachstum und Kohäsion gleichermaßen, indem sie einerseits eine effiziente wirtschaftliche Entwicklung innerhalb der Mitgliedstaaten und andererseits die regionale Konvergenz auf europäischer

---

[3] Im Rahmen der EU-Süderweiterung wurden Spanien, Griechenland und Portugal im Zeitraum 1981-86 in die EU aufgenommen.

Ebene fördert." (Bundesamt für Bauwesen und Raumordnung 2006) Auf kleinräumiger Betrachtungsebene wird das Thema allerdings wesentlich komplexer.

Die Lissabon-Strategie und die von der EU-Kommission vorgeschlagenen gemeinschaftlichen Leitlinien zur Kohäsion, nach denen sich die einzelnen Staaten bei der Ausarbeitung ihrer nationalen strategischen Rahmenplänen richten müssen, zielen eher in eine andere Richtung. Hier stehen die Ermutigung zu Innovationen und Unternehmertum, Förderung der wissensbasierten Wirtschaft und Schaffung von mehr und besseren Arbeitsplätzen im Vordergrund. Es geht also nicht um einen Ausgleich bis in die niedrigsten Planungsebenen, sondern eher um die Stärkung der globalen Wettbewerbsfähigkeit durch die Förderung von wachstumsfähigen (High-Tech-) Branchen und somit von Standorten, die bereits begünstigt sind und somit als Wachstumspole fungieren sollen.

Gerade für die Staaten der Osterweiterung, zu denen auch die Slowakei, Ungarn und Slowenien zählen, ist fraglich, welche Strategie hier wohl besser ist. Insgesamt können diese Staaten einerseits im Vergleich zum EU-Standard bis auf wenige Regionen als rückständig bezeichnet werden und sind somit als Ganzes förderungswürdig. „Je umfassender und kleinräumiger das Ausgleichsziel [allerdings] verfolgt wird, desto größer sind vermutlich heute die gesamtwirtschaftlichen Effizienzeinbußen." (KRAPPWEIS – Ausgleich versus Wachstum 2009) Deshalb ist auch fraglich, ob eine zu breite Förderung nicht in den weiten, trockenen Steppen Südosteuropas versickern würde, und somit vielleicht eine gezielte Förderung von wachstumsfähigen Teilräumen und Standorten zu einem schnelleren gesamtstaatlichen Wachstum und als Folge zu einer Angleichung an den EU-Durchschnitt führen würde. Diese punktuelle Förderung bringt allerdings neben schnellem lokalem Wachstum auch oft Probleme wie Landflucht durch eine Verstärkung der Pull-Faktoren in den Wachstumsregionen und somit einen exponentiellen Anstieg der bereits vorhandenen Disparitäten mit sich. Somit wäre zwar auf staatlicher und somit auf EU-Ebene eine Entwicklung zu erreichen, die allerdings nur eine EU-konforme glänzende Fassade wäre, hinter der sich steigende Disparitäten, Wohlstandsgefälle und soziale Probleme verbergen, wenn die Wachstumspole nicht zu den erhofften ökonomischen Impulsen für die ganze Region führen. „Nach dem Subsidiaritätsprinzip stellt jedoch die wachsende Divergenz innerhalb der Mitgliedsländer keine Politikaufgabe der EU sondern der einzelnen Staaten dar." (Bundesamt für Bauwesen und Raumordnung 2006)

4. Regionalförderung und Regionalentwicklung im Untersuchungsgebiet

Wie diese Leitlinien nun praktisch in den einzelnen Regionen umgesetzt werden und welche Folgen und Erfolge dies mit sich bringt. soll nun für alle im Rahmen der Exkursion besuchten Länder am Beispiel von Slowenien möglichst repräsentativ dargestellt und schließlich an Hand der Metropolregion Ljubljana und der alt-industriellen Region Zagorje ob Savi näher betrachtet und kritisch diskutiert werden. „Ob der öffentliche Mitteleinsatz dem Ausgleich dient oder dem Wachstum, ist [allerdings] nicht leicht zu beantworten." (KRAPPWEIS – Ausgleich versus Wachstum 2009) Aus diesem Grund kann die Beurteilung der regionalpolitischen Maßnahmen und deren Einordnung in das komplexe Gefüge der Leitbilder systemimmanenterweise nur an Hand der öffentlich verfügbaren Informationen über Entwicklungsprogramme und bekannte Projekte erfolgen.

4.1. Die Untersuchungsgebiete auf den unterschiedlichen Betrachtungsebenen

Die Exkursionsziele Slowakei, Ungarn und Slowenien sind allesamt ehemals sozialistisch geprägte Staaten, die im Rahmen der EU-Osterweiterung im Jahr 2004 in die EU eingegliedert wurden. Die alten wirtschaftlichen Strukturen in den Beitrittsländern sind weitestgehend verschwunden und im Zuge des Transformationsprozesses durch modernere Systeme abgelöst worden. Für den Förderungszeitraum 2007-13 wurden alle Regionen in den drei Ländern bis auf die Hauptstadtregionen um Bratislava in der Slowakei und um Budapest in Ungarn (förderungsfähige Gebiete unter den Zielen: Regionale Wettbewerbsfähigkeit und Beschäftigung) als Konvergenzregionen[4] ausgewiesen. (vgl. Abb. 1)

---

[4] Unter Konvergenzregionen versteht man die Regionen, die einen BIP-Durchschnitt von weniger als 75% des BIP Durchschnitts der EU 25 (ohne Bulgarien und Rumänien) haben. (vgl. EU-Büro des Bundesministerium für Bildung und Forschung 2003

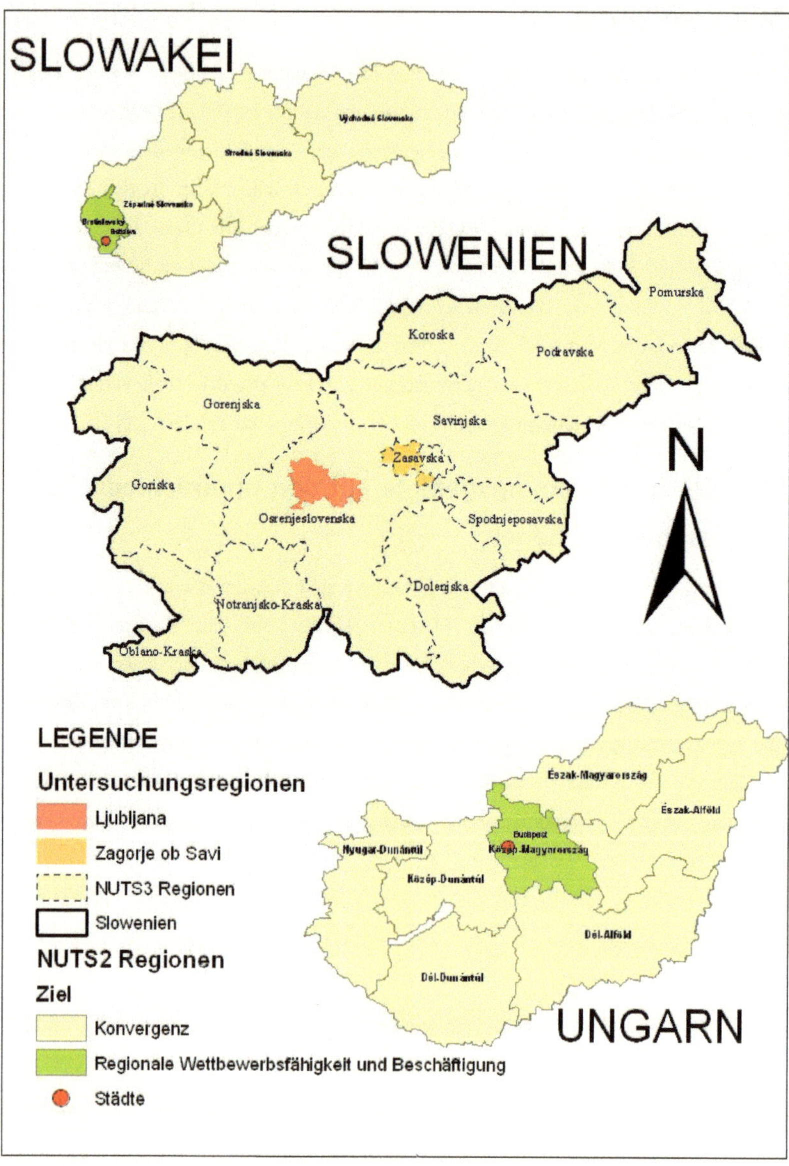

Quelle: Eigene Darstellung 2009

Dadurch, dass Slowenien als eines dieser Länder mit einer Fläche von ca. 20.000 km² und ca. 2 Millionen Einwohnern etwa so groß wie Rheinland-Pfalz ist, aber nur halb so viele Einwohner hat, besteht es nur aus zwei NUTS[5] 2 Regionen. Deshalb wurde die hier durchgeführte Untersuchung auf dem niedrigsten NUTS-Level 3 durchgeführt (vgl. Tab. 1), wobei auch innerhalb dieser Regionen nur auf zwei verschieden Verwaltungsbereiche näher eingegangen wird: Einerseits auf die Stadt Ljubljana (Teil der NUTS 3 Region Osrednjeslovenska) und auf die Stadt Zagorje ob Savi (Teil der NUTS 3 Region Zasavska). (vgl. Abb. 2 und Abb. 3)

Tabelle 1: Klassifikation der NUTS-Level

Level	Minimum[Einwohner]	Maximum[Einwohner]
NUTS 1	3 million	7 million
NUTS 2	800.000	3 million
NUTS 3	150.000	800.000

Quelle: http://ec.europa.eu/eurostat/ramon/nuts/basicnuts_regions_en.html

4.2. Regionalförderung und Regionalentwicklung in Slowenien

Die slowenische Regionalpolitik orientiert sich in erster Linie an den Leitlinien der EU, da sie nur durch die Umsetzung dieser Vorgaben im nationalen strategischen Rahmenplan (NSRP) Fördermittel der EU erhält. In welche Projekte der Staat und die Regionen Sloweniens diese Gelder allerdings investieren bleibt ihnen weitgehend selbst überlassen, so lange sie mit der EU-Politik konform sind. Der Nationale Strategische Rahmenplan stellt die Basis für die Erreichung der beiden Ziele Konvergenz und Europäische Territoriale Kooperation dar. Zur Umsetzung des Konvergenzzieles wurden drei nationale operationelle Programme[6] (OP) (Umwelt und Entwicklung der Verkehrsinfrastruktur

---

[5] NUTS (fr. Nomenclature des unités territoriales statistiques „Systematik der Gebietseinheiten für die Statistik") bezeichnet eine hierarchische Systematik zur eindeutigen Identifizierung und Klassifizierung der räumlichen Bezugseinheiten der Amtlichen Statistik in den Mitgliedsländern der Europäischen Union.
Sie lehnt sich eng an die Verwaltungsgliederung der einzelnen Länder an.

[6] „Operationelle Programme (OPs) werden von Mitgliedstaaten als Antrag auf Fördermittel aus den europäischen Strukturfonds eingereicht. In ihnen werden die spezifischen Umsetzungen der Förderschwerpunkte bezogen auf das jeweilige Land oder eine Region vorgeschlagen. Die bewilligten

39,9%[7], Regionale Entwicklung 41,7%, Humanressourcen 18,4%) erstellt. Innerhalb des Ziels „Europäische Territoriale Kooperation" stehen rd. 97 Mio. Euro für grenzüberschreitende Programme und 7 Mio. Euro für Transnationale Kooperationsprogramme zur Verfügung. (vgl. ÖIR-Informationsdienste GmbH 2008, 9)

Der NSRP und die daraus entwickelten OPs haben die Grundorientierung, „to improve the welfare of the Slovene citizens by promoting economic growth, job creation, strengthening human capital and guaranteeing a balanced and harmonious development, in particular of the regions." (The Republic of Slovenia 2007, 56)

Zwar sind alle drei OPs auf die „Sicherstellung einer landesweit ausgewogenen Regionalentwicklung" (INFOREGIO 2009) ausgerichtet, im Folgenden liegt allerdings das Hauptaugenmerk auf Grund der Thematik auf dem OP „Stärkung des Regionalentwicklungspotenzials".

OP „Stärkung des Regionalentwicklungspotenzials"

Dieses OP ist gleichzeitig das umfangreichste und auch mit 1,71 Mrd. Euro aus dem ERDF-Fonds[8] für den Zeitraum 2007-13 am höchsten von der EU bezuschusste Programm. In erster Linie werden die Kernziele des mit der EU-Kohäsionspolitik in Einklang stehenden NSRP verfolgt, vor allem die Förderung der Wettbewerbsfähigkeit, unternehmerische Initiative sowie Innovation und technologische Entwicklung und die Erleichterung der Schaffung von Arbeitsplätzen (auch im Tourismussektor). Diese Ziele sollen bei gleichzeitiger Gewährleistung einer landesweit ausgewogenen Regionalentwicklung und unter Berücksichtigung umweltpolitischer und sozialer Aspekte angestrebt werden. „Über 36 % der Finanzmittel für das operationelle Programm sind für Maßnahmen mit unmittelbarem Bezug zu Forschung, Innovation und technologischer Entwicklung bestimmt." (EU 2009)

Fördergelder dürfen dann nur nach den in den OPs festgelegten Bedingungen verwendet und weitergegeben werden." (EUFIS)

[7] Anteil der Fördergelder die für die Umsetzung der jeweiligen Programme von der EU und Slowenien bereitgestellt werden.

[8] Der Europäische Fonds für regionale Entwicklung (ERDF) soll durch den Ausgleich der wichtigsten regionalen Ungleichgewichte und die Beteiligung an der Entwicklung und Umstellung der Regionen den wirtschaftlichen und sozialen Zusammenhalt fördern; gleichzeitig sind Synergieeffekte in Verbindung mit den Interventionen der anderen Strukturfonds sicherzustellen. (vgl. EU 2007)

Ähnlich wie bei den anderen OPs versucht man hier, sowohl dem Leitbild „Wachstum" als auch dem Leitbild „Ausgleich" gleichermaßen gerecht zu werden und beide eigentlich gegenläufigen Strategien in Einklang zu bringen, wobei ein stärkerer Fokus auf den Bereich Wachstum und Wettbewerbsfähigkeit gelegt wird.

Tabelle 2: Prioritätsachsen und Finanzmitteleinsatz

Prioritätsachse	Fördergelder [%]
Wettbewerbsfähigkeit und Spitzenforschung	24%
Infrastruktur für wirtschaftliche Entwicklung	23%
Integration natürlicher und kultureller Potenziale (Tourismus)	15%
Entwicklung der Regionen	36%
Technische Unterstützung (zur Durchführung des Programms)	2%

Quelle: Eigene Darstellung nach EU 2009 OP Stärkung des regionalen Entwicklungspotenzials

Wie in Tabelle 2 ersichtlich, wird nur etwa ein Drittel der Fördermittel für konkrete Ausgleichsmaßnahmen (Entwicklung der Regionen) verwendet. Mit dieser Achse wird das strategische Ziel einer ausgewogenen Entwicklung der Regionen verfolgt, wobei die weniger entwickelten und abgelegenen Regionen Sloweniens im Mittelpunkt stehen. Durch die Entwicklung einer Wirtschafts-, Sozial-, Bildungs-, Verkehrs- und Umweltinfrastruktur, sowie durch die Entwicklung städtischer Gebiete trägt diese Prioritätsachse zu einer ausgewogeneren, nachhaltigeren Regionalentwicklung des Landes bei.

Dagegen werden ca. zwei Drittel der Fördermittel für die ersten drei Prioritätsachsen verwendet, die ein gezieltes Wachstum verfolgen und vor allem einen Durchbruch bei Forschung und Innovation in der slowenischen Wirtschaft sicherstellen sollen, indem der Schwerpunkt auf Forschung und Entwicklung (FuE), Innovationsinvestitionen und Maßnahmen zur Förderung unternehmerischer Initiative gelegt wird. Außerdem soll für die bessere Wettbewerbsfähigkeit der Wirtschaft noch die Konzentration von Wissen erreicht, die Entwicklung der Infrastruktur vorangetrieben und die Wettbewerbsfähigkeit des Tourismussektors erhöht werden. (vgl. EU 2009)

Insgesamt kann also festgehalten werden, dass die EU-Politik auch auf Staatsebene in Slowenien relativ ähnlich umgesetzt wird und eher das Ziel des Wachstums als das des Ausgleichs verfolgt wird. Ob diese Umsetzung in den einzelnen Regionen Sloweniens zum gewünschten Erfolg führt, soll im Folgenden nun an zwei unterschiedlichen Regionen untersucht werden.

4.3. Die Hauptstadt Ljubljana in der Region Osrednjeslovenska

Die Metropolregion Ljubljana liegt in der statistischen[9] NUTS 3 Region Osrednjeslovenska und ist gleichzeitig die Hauptstadt Sloweniens. Die Hauptstadtregion Osrednjeslovenska mit 0,5 Mio. Einwohnern, von denen 0,3 Mio. in Ljubljana leben hatte 2005 mit einem BIP/EW von 125,3% des EU27-Durchschnittes die absolute wirtschaftliche Vorrangstellung im Land, nicht zuletzt getragen von den ausländischen Direktinvestitionen (Slowenien gesamt 2005: 86,9%, 2007: 89,8%). (vgl. ÖIR-INFORMATIONSDIENSTE GmbH 2008, 7) Wie in den entwickelten EU-Ländern überwiegt der Dienstleistungssektor, was auch auf das überdurchschnittliche Bildungsniveau zurückzuführen ist (über 80% haben mindestens den Realschulabschluss). Der Anteil der Fertigungsindustrie liegt unter dem slowenischen Durchschnitt. Die Industrie ist exportorientiert und erzielt mehr als 80% der regionalen Exporte und beschäftigt 32% der Arbeitskräfte. (vgl. INVEST SLOVENIA 2008) Es stehen also nicht nur in Ljubljana selbst, sondern auch in der ganzen Region alle Zeichen auf Wachstum und der ganze Raum kann als der (auch international) wettbewerbsfähigste in ganz Slowenien betrachtet werden. In Ljubljana selbst gibt es zahlreiche FuE-Einrichtungen wie zum Beispiel die Slovenian Technology Agency (TiA) und den Technoloski Park Ljubljana. Die TiA ist eine „independent public agency responsible for the enhancement of technology development and innovation in the Republic of Slovenia." (TiA 2007-09) Die Hauptaktivitäten umfassen vor allem Ausbildungsprogramme, die auf die Entwicklung neuer Technologien und auf die Zusammenarbeit von FuE-Einrichtungen und Universitäten mit der Industrie abzielen. Des Weiteren wird versucht, durch internationale Kooperationen die Entwicklung neuer Strategien für die heimische Industrie voran zu treiben. (vgl. TiA 2007-09) Mit diesem Aufgabenspektrum unterstützt das Unternehmen die Regierung bei der Umsetzung der wachstumsorientierten OPs. Der Technoloski Park

---

[9] Die statistischen Regionen in Slowenien wurden im Mai 2005 eingeführt, da hier nicht schon wie beispielsweise in Deutschland Bundesländer als untergeordnete Verwaltungsbereiche vorhanden waren. Sie werden bislang nur für statistische Zwecke verwendet. Insgesamt gibt es 12 statistische NUTS-3-Regionen in Slowenien.

Ljubljana ist in erster Linie ein Consulting-Unternehmen für Entrepreneurship im Technologiesektor. Hierbei geht es um die Beratung und Betreuung junger Unternehmen schon vor ihrer Gründung bis zu deren Etablierung auf dem Markt und die Schaffung eines internationalen Technologienetzwerkes, das entsprechende Synergieeffekte und spill-overs[10] bewirken soll. (vgl. TPLj 2003-2006) Somit spiegelt auch das Portfolio dieses Unternehmen wieder, dass in der Region in und um Ljubljana alle Zeichen auf Innovation, Wachstum und Investition stehen um die Wettbewerbsfähigkeit auch auf einem globalen Markt weiter zu erhöhen.

Abbildung 2: NUTS 3 Region Osrednjeslovenska

Quelle: http://flagspot.net/flags/si(f.html (Abrufdatum: 10. August 2009)

---

[10] Auswirkung wirtschaftlicher Aktivitäten auf Dritte.

4.4. Die altindustrielle Stadt Zagorje ob Savi in der Region Zasavska

Zasavska liegt in der geographischen Mitte Sloweniens und ist eine der kleinsten Regionen. Sie grenzt im Osten direkt an die Hauptstadtregion an (vgl. Abb. 2) und liegt im paneuropäischen Transportkorridor Nr. 10 und hat somit eine extrem gute Verkehrsanbindung sowohl zur Hauptstadt Ljubljana als auch nach Zagreb. Insgesamt leben ca. 45.000 Einwohner in der Region. (vgl. INVEST SLOVENIA 2008) Die Stadt Zagorje ob Savi ist die zweitgrößte Stadt in der Region und somit einer der drei Ballungsräume von nationaler Bedeutung dieser Region. (vgl. Zavodnik Lamovšek 2008, 292) Insgesamt ist die Region vor allem altindustriell geprägt, der Bergbau und die Folgeindustrien haben aber mittlerweile ihre führende Rolle verloren und der Dienstleistungssektor befindet sich auch hier im Aufschwung, (vgl. INVEST SLOVENIA 2008) spielt hier allerdings auf Grund der geringen Einwohnerzahl und der Nähe zu anderen, größeren regionalen Zentren im Vergleich immer noch eine relativ geringe Rolle. (vgl. EUROSTAT 2004) Die Bevölkerung leidet auf Grund der ehemals monostrukturellen Prägung der Wirtschaft unter einer hohen Arbeitslosigkeit und den industriellen Altlasten, die die Natur weiträumig zerstört haben. (vgl. EQUAL 2009) Die Ausgangssituation war hier also denkbar schlecht. Wie die für diese Region bereitgestellten Fördermittel der EU in dieser Region wirken, soll nun anhand der Stadt Zagorje ob Savi untersucht werden.

„Zagorje ob Savi was one of the most polluted towns in Slovenia." (REMINING-LOWEX 2009) Seit 1995 werden hier nach und nach die Minen geschlossen. Der Zerstörung der Landschaft und der Umweltverschmutzung wird mittlerweile durch die Schließung von Deponien und Aufforstungen entgegen gewirkt. Auch die sozialen Probleme werden mittlerweile ernst genommen und der auf Grund der Wirtschaftsstruktur sehr hohen Arbeitslosigkeit gerade bei Frauen wurde durch den Bau zweier Textil- und einer Elektrotechnikfabrik entgegen gewirkt. Die Umstrukturierung in Zagorje ist in vollem Gange und „in recent years it was transformed from a grey, dirty mining town to a pleasant green town [...]" (PRASNIKAR 2000, 1) Auch wird mittlerweile stark auf erneuerbare beziehungsweise umweltfreundlichere Energien wie zum Beispiel Erdwärme, Solarenergie und Biomassekraftwerke gebaut. Grundsätzlich bieten die Region und die Stadt selbst viele weitere Möglichkeiten, die zu einer Verbesserung der wirtschaftlichen und sozialen Umstrukturierung positiv genutzt werden können. Das ist allerdings ein langwieriger Prozess der viel Zeit in Anspruch nehmen wird. Allerdings ist die Region durchaus auf dem richtigen Weg und auch durch die EU-Mittel (z.B.: Phare) können viele Projekte umgesetzt werden. Diese Region profitiert also sehr stark von den Fördergeldern, die hier im Rahmen der Ausgleichspolitik investiert werden. (vgl. PRASNIKAR 2000, 2) Hier geht es zwar teilweise auch darum, wie in Ljubljana ein Zentrum gezielt zu stärken und im globalen Wettbewerb voran zu bringen, aber im Vordergrund steht eindeutig, in der ganzen Region eine großflächige Angleichung der Lebensverhältnisse an den Landes- und EU-Durchschnitt und somit eine Aufwertung zu erreichen.

Abbildung 3: NUTS 3 Region Zasavska

Quelle: http://flagspot.net/flags/si(f.html (Abrufdatum: 10. August 2009)

5. Schlussbetrachtungen zum Zielkonflikt – Ausgleich versus Wachstum?

In diesem Schlusskapitel sollen nun noch verschiedene durch die Untersuchungen gewonnene Erkenntnisse und neue Aspekte in einer Art Synthese abgewogen werden. Hierzu wird zuerst versucht, die slowenische Regionalpolitik – vor allem hinsichtlich des Zielkonfliktes „Ausgleich versus Wachstum" – soweit möglich zu beurteilen. In einem zweiten Schritt werden dann verschiedene Szenarien, die versuchen die Regionalentwicklung in der EU bis zum Jahr 2030 bei verschiedener Gewichtung der Ziele zu prognostizieren, auch wieder hinsichtlich des Zielkonflikts interpretiert. Des weiteren soll noch ein dimensional integrierter Lösungsansatz vorgestellt werden, sowie der Zielkonflikt an sich in seiner schon fast pathetischen Paradigmatik in einem praktischeren Gesamtkontext betrachtet werden.

5.1. Beurteilung der slowenischen Regionalpolitik

Wie bereits erwähnt ist aus verschiedenen Gründen keine sehr gute Beurteilung möglich, was die Güte der Politik angeht. Viele der Auswirkungen werden sich erst in Zukunft zeigen, da einem Strukturwandel immer ein Prozess zu Gunde liegt. Hier können also lediglich Überlegungen zu den beiden Fallbeispielen angestellt werden.

Im Fall der Hauptstadtregion um Ljubljana wird an Hand der aufgezeigten Beispiele doch recht klar, dass hier die Ziele der Lissabon-Strategie sehr zielstrebig umgesetzt werden und auch zum Erfolg führen. Dies ist allerdings nicht allzu verwunderlich, da es sich hierbei um die strukturstärkste Region in Slowenien handelt, die auch vorher schon international ausgerichtet war. Dass hier also globale Netzwerke ausgeweitet werden und in FuE und zukunftsträchtige Wirtschaftszweige investiert wird und diese Strategie auch zu einem recht starken Wachstum seit dem EU-Beitritt führte, ist nicht weiter verwunderlich. Es kann allerdings als Erfolg gesehen werden, dass hier Ljubljana auch als ein Wachstumspol fungiert und auch in der ganzen Region die Wirtschaft floriert. Es bleibt allerdings fraglich, ob dies wirklich der EU-Regionalpolitik zu verdanken ist, oder ob es die logische Konsequenz aus dem EU-Beitritt und beispielsweise dem damit verbundenen Wegfall von Handelshemmnissen als Pull-Faktoren für ausländische Investoren oder der günstigen Verkehrsinfrastruktur und der damit einher gehenden wichtigen strategischen Lage oder Lohnkostenvorteilen verbunden ist.

Im Fall der Region Zasavska gestaltet sich die Beurteilung noch wesentlich komplexer. Hier bleibt ebenfalls anzumerken, dass die Transformation und der Kohäsionsprozess schon in den 90er Jahren mit dem Bedeutungsverlust der Schwerindustrien begonnen hat, da von der Region selbst viele Impulse zu einer Verbesserung der Lebensverhältnisse ausgingen. Allerdings ist ebenfalls klar, dass auch durch die Gelder, die mit dem Phare-Programm der EU schon vor 2004 in die Region flossen, Mittel zur Umsetzung von Verbesserungsmaßnahmen zur Verfügung standen. Ob der Erfolg dieser aufsteigenden Region allerdings nur auf die EU-Förderungen zurückzuführen ist bleibt allerdings auch hier fraglich. Gerade die Stadt Zagorje ob Savi geht wohl auch auf Grund ihrer progressiven regionalpolitischen Strukturen als gutes Beispiel voran.

Insgesamt wird also die von der EU vorgegebene Politik auch auf regionaler Ebene umgesetzt und man versucht eine Balance zwischen Wachstum und Ausgleich zu finden. Da Slowenien auch insgesamt das Land mit den größten Wachstumsraten unter den neuen Mitgliedsstaaten ist, scheint hier diese – eigentlich kontraproduktive - Strategie wohl

Früchte zu tragen. Im Rahmen der Untersuchung wurde allerdings auch klar, dass es an vielen Stellen noch Koordinationsprobleme und Kompetenzunklarheiten gibt und die heterogene Struktur der EU-Länder eine gemeinsame Regionalpolitik bis auf die niedrigsten Ebenen extrem komplex macht. Jedes Land muss also individuell entscheiden, welche Strategien, Programme und Pläne im Rahmen der durchaus sinnvollen Eu-Richtlinien – seien sie auf Wachstum oder Ausgleich fokussiert - für die eigenen Regionen die sinnvollsten sind. Warum diese Komplexität und Integration der verschiedenen Leitbilder durchaus sinnvoll ist und warum weder das Streben nach Wachstum noch das nach Ausgleich durchweg richtig oder falsch sind, wird im folgenden Abschnitt ersichtlich.

5.2. Szenarien der Regionalentwicklung in Europa bis 2030

ESPON[11] hat eine Reihe von Szenarien entwickelt, die die Auswirkungen auf das BIP veranschaulichen, die bis 2030 auftreten würden, wenn die Regionalpolitik in der EU nur auf Kohäsion also Ausgleich beziehungsweise nur auf Wettbewerbsfähigkeit also Wachstum ausgerichtet würde. Hierzu wurde zunächst ein Szenario entworfen, das den normalen Fortgang der Regionalpolitik darstellt, welches im Folgenden „Baseline Scenario" genannt wird. Die beiden anderen Szenarien („Cohesion Oriented Scenario" und „Competitiveness Oriented Scenario") werden als Abweichung davon dargestellt. (vgl. ESPON 2006, 66)

5.2.1. Baseline Scenario

Das Baseline Scenario stellt die Entwicklung Europas ohne große Veränderungen der EU-Regionalpolitik von vor 2006 dar.

Die großen regionalen Disparitäten in Europa bestehen immer noch, wobei eine Annäherung zwischen Ost und West erfolgt ist. Dennoch sind die Unterschiede zwischen

---

[11] Das European Spatial Planning Observation Network (Europäisches Raumbeobachtungsnetzwerk) ist ein Netzwerkprogramm, das sich mit der Raumbeobachtung, Datenanalyse und -bereitstellung auf europäischer Ebene beschäftigt. Die Zielsetzungen sind unter anderem aus dem Europäischen Raumentwicklungskonzept (EUREK) abgeleitet und entsprechen den Abkommen von Lissabon und Göteborg sowie den Grundsätzen der Territorialen Agenda und Leipzig Charta. (vgl. ÖROK 2008)

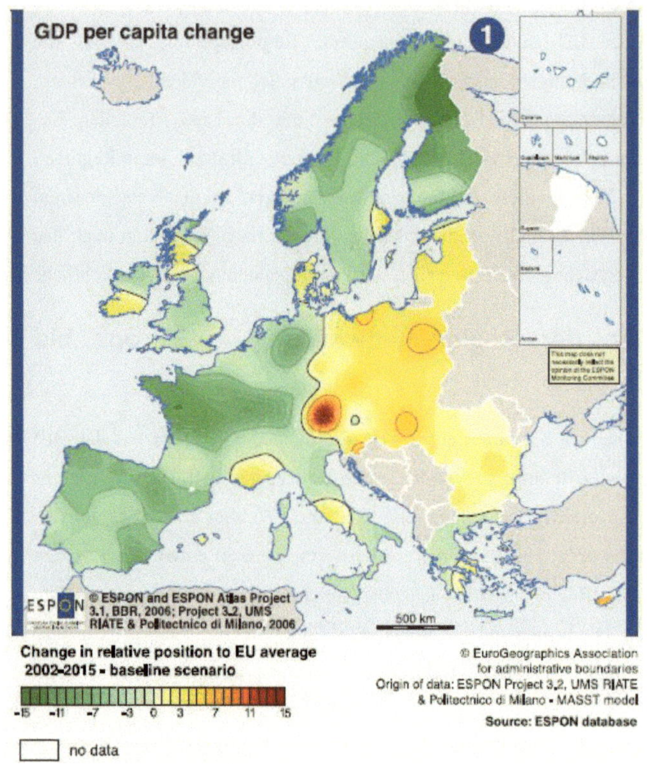

Quelle: ESPON 2006, 66

den Metropolregionen und den peripheren meist ländlichen Regionen gewachsen. Das Pentagon[12] hat sich entlang einiger Hauptkorridore ausgeweitet und somit hat sich nur entlang dieser Entwicklungsachsen die Verkehrsinfrastruktur verbessert, aber nicht in den peripheren Regionen, wo auf Grund der steigenden Öl- und Transportkosten die Erreichbarkeit und Attraktivität zusätzlich gehemmt wird. Außerhalb des Pentagons vor allem im Osten ist die ökonomische Entwicklung mäßig bis auf einige touristische

---

[12] Kernbereich einer global integrierten europäischen Ökonomie. Metropolen-Fünfeck "London - Paris - Milano - München - Hamburg". Im Pentagon leben auf 20% der EU-Fläche 40% der Bevölkerung. Hier werden fast 50% des europäischen Bruttosozialprodukts erwirtschaftet. (vgl. REGIONALKUNDE RUHRGEBIET 2009)

Regionen und Metropolregionen. Auch EU-Investitionen konnten in den peripheren Regionen keine privaten Investoren anziehen. Für die Staaten Slowakei, Ungarn und Slowenien würde ein Fortgang der Politik einen weiteren kontinuierlichen Anstieg des BIPs bedeuten und somit eine weitere Angleichung an den EU-Durchschnitt. (vgl. ESPON 2006, 66-67)

5.2.2.   Cohesion Oriented Scenario

Bei diesem Szenario wird davon ausgegangen, dass der Fokus der EU-Politik nicht auf globale Wettbewerbsfähigkeit sondern auf wirtschaftlicher, sozialer und regionaler Kohäsion unter der Berücksichtigung des Prinzips der Nachhaltigkeit liegt. Das heißt, dass bei unvereinbaren Fällen im Sinne der Kohäsion entschieden würde.

Abbildung 5: BIP pro Kopf – Cohesion Oriented Scenario 2030

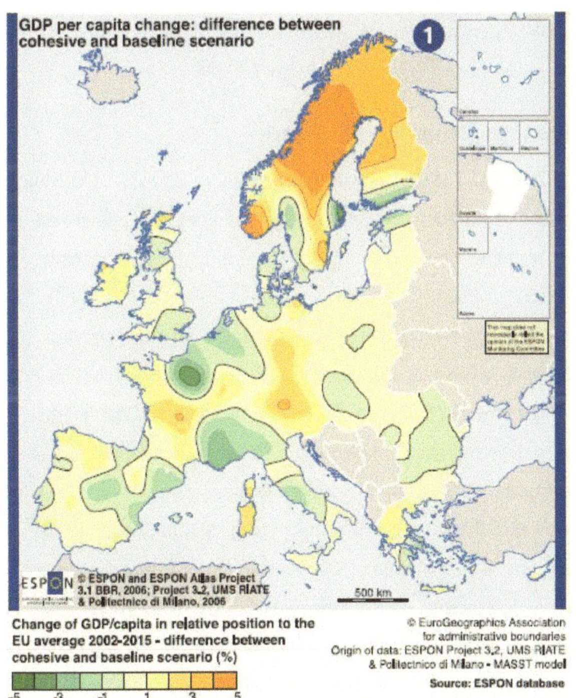

Quelle: ESPON 2009, 68

Die regionalen Disparitäten wären bei diesem Szenario zwar ausgeglichener als beim Baseline Scenario, allerdings nicht mehr so signifikant. Auch der Unterschied zwischen Metropolregionen und ländlicheren Gebieten ist nicht mehr so gravierend. Diese Angleichung geht allerdings auf Kosten der globalen Wettbewerbsfähigkeit. Auffallend ist, dass trotz der starken Kohäsionspolitik die Unterschiede zwischen Ost und West immer noch genauso stark ausgeprägt sind. Durch hohe Investitionen sind die peripheren Regionen allerdings besser erreichbar und konnten auch ihre Wirtschaft diversifizieren. Jedoch sind weniger transnationale Synergien entstanden und auch die Metropolen sind im globalen Wettbewerb schwächer. Bei der Betrachtung der Länder Slowakei, Ungarn und Slowenien zeigt sich hier nun endgültig, dass die Auswirkungen der verschiedenen Strategien auch in vermeintlich sehr ähnlichen Räumen sehr unterschiedlich sein können. Slowenien würde nach diesem Szenario noch besser dastehen, wenn es sich noch mehr um regionalen Ausgleich bemühen würde. Dagegen würde in weiten Teilen Ungarns und der Slowakei die Entwicklung des BIP in etwa stagnieren, wenn die Politik noch stärker auf einen territorialen Ausgleich fokussiert wäre. (vgl. ESPON 2006, 68-69)

5.2.3. Competitiveness Orientated Scenario

Bei diesem Szenario ist die EU-Politik wiederum mehr auf die globale Wettbewerbsfähigkeit ausgerichtet. Damit geht eine Kürzung der Strukturfonds einher und die verbleibenden Gelder werden auf die Regionen mit dem höchsten Entwicklungspotenzial konzentriert.

Trotz eines stärkeren Wirtschaftswachstums werden die Disparitäten innerhalb der EU größer und der Abstand Osteuropas wächst ebenfalls, da sich das Wachstum auf das Pentagon und die wenigen externen Metropolregionen konzentriert. Auch die Erreichbarkeit der peripheren Regionen hat sich verschlechtert, da die meisten Gelder nun in den Ausbau der Korridore zwischen den Metropolregionen fließen.

Für Osteuropa und somit die Slowakei, Ungarn und Slowenien zeigt sich im Vergleich zu Szenario 2 eine genau entgegengesetzte Entwicklung. Die vorherigen Gewinnerregionen sind nun Verliererregionen und anders herum. Somit bestätigt sich die Erkenntnis, dass unterschiedliche Regionen auch nach unterschiedlichen politischen Maßnahmen verlangen um ein ökonomisches Wachstum und somit eine Verbesserung der Lebensverhältnisse in der gesamten EU erreichen zu können. (vgl. ESPON 2006, 70-71)

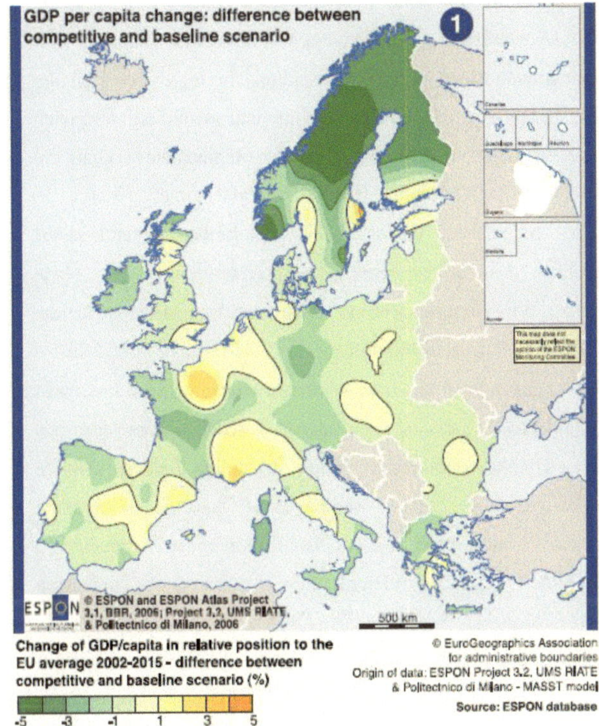

Quelle: ESPON 2006, 70

Da es trotzdem unabdingbar scheint, eine Regionalpolitik für die gesamte EU zu entwickeln, muss nach einem integrierten Lösungsweg gesucht werden, der den Bedürfnissen aller Regionen möglichst gut gerecht wird.

5.3. Balance zwischen regionalem Ausgleich und Wachstum

Da strikte Durchsetzung einer Kohäsionspolitik nicht ökonomisch wäre und eine auf globale Wettbewerbsfähigkeit ausgerichtete Politik Disparitäten wohl noch verschlimmern würde, kann man sagen, dass ein integrativer Ansatz, also eine Mischung aus beiden Strategien, wie ihn die EU derzeit durchzusetzen versucht schon in die richtige Richtung geht. Allerdings geht sie hier in erster Linie nur nach räumlichen Abgrenzungen vor und kaum auf zeitliche (lediglich für jede Planungsperiode). Ein stärkerer Einbezug der zeitlichen Dimension könnte hier aber vielleicht zu einer besser auf die jeweiligen regionalen Anforderungen abgestimmten und dynamischeren Entwicklungsstrategie beitragen. Ein solches zeitlich abgestuftes Programm könnte wie folgt aussehen:

René L. Frey und Horst Zimmermann haben hierzu eine Handlungsstrategie entworfen, die versucht, für die unterschiedlichsten Regionen eine nachhaltige und sowohl auf Ausgleich als auch auf Wachstum ausgerichtete Vorgehensweise in der Regionalentwicklung zu entwerfen. (vgl. FREY und ZIMMERMANN 2005, 10)

Hier soll die Sicherung des zukünftigen Wachstums des Gesamtstaates und seiner Großregionen dadurch erfolgen, dass die modernen Agglomerationen in dem Maße gefördert werden, dass hier das Wirtschaftswachstum fortschreiten kann. Dies ist für die Wettbewerbsfähigkeit des gesamten Staates unabdingbar.

Die so erwirtschafteten Mittel können dann teilweise wieder investiert werden. Einerseits soll dies in Regionen ohne große Entwicklungschancen geschehen, um dort die Grundversorgung aufrecht zu erhalten, andererseits sollen mit diesen Geldern kleinere Erfolg versprechende Verdichtungsräume gestärkt werden. „Auf Dauer ist jedoch nicht durchzuhalten, alle Gebiete eines Landes nach dem Gießkannenprinzip gleichermaßen zu fördern." (FREY und ZIMMERMANN 2005, 10) Hier kommt nun die zeitliche Dimension ins Spiel.

Die Balance zwischen Wachstum und Ausgleich soll also mit wechselnden Gewichtungen im Zeitablauf gehalten werden. Um die Wachstumskräfte der Agglomerationsräume zu stärken, wird in einer ersten Phase das regionale Ausgleichsziel weniger stark verfolgt. Wenn es so gelingt ein gesamtes Land wieder zu einem stabilen Wachstum zu führen, wird in einer zweiten Phase dem Ausgleichsziel wieder höhere Priorität zugesprochen. (vgl. FREY und ZIMMERMANN 2005, 10)

Hier wird zwar auch die Meinung vertreten, dass eine auf Wachstum orientierte Politik unabdingbar ist, um ein Land langfristig wettbewerbsfähig zu machen. Allerdings wird weniger auf Effekte gehofft, die von den Agglomerationsräumen positiv auf die peripheren Räume wirken wie es beispielsweise bei der Lissabon-Strategie der Fall ist. Im Gegensatz dazu wird hier klar gesagt, dass die durch die Förderung des Wachstums benachteiligten und vernachlässigten peripheren Regionen in einer zweiten Phase auch durch Investitionen, die auf eine Kohäsion gerichtet sind, vom gesamtwirtschaftlichen Erfolg profitieren sollen. Somit ist der ganze Konflikt nur durch einen Kompromiss von Geben und Nehmen zu lösen. Nur wenn erfolgreiche Regionen erfolgreich bleiben oder noch erfolgreicher werden, können auch nicht-erfolgreiche Regionen nachhaltig gefördert werden. Das heißt, dass die nicht-erfolgreichen nun auch eine Chance auf Wachstum haben, wenn sie vorerst hinten angestellt werden und erst dann gefördert werden, wenn die gesamtwirtschaftliche Lage stabil ist. Hier geht es allerdings nur um Förderungen, die Grundversorgung muss selbstverständlich zu jeder Zeit aufrechterhalten werden. Insgesamt bleibt dies wohl noch länger ein heikles Thema, das gerade in der EU noch durch die vielen unterschiedlichen Verwaltungsebenen und Kompetenzbereiche eine zusätzliche Komplexität hat. Allerdings muss weiterhin erwähnt werden, dass dieser Zielkonflikt wohl gar nicht das gravierendste Problem der Regionalentwicklung ist, sondern dass dieses eigentlich in der Umsetzung der Maßnahmen auf regionaler Ebene liegt.

5.4. Der Zielkonflikt als „Luxusproblem" der Regionalentwicklung

Die VRE[13] hat eine Studie zur Regionalpolitik 2014+, also für die nächste Planungsperiode durchgeführt, in der sie vor allem versuchte die Hauptprobleme der bisherigen Politik heraus zu arbeiten. Die Betrachtung der Ergebnisse dieser Studie hilft abschließend vielleicht dabei, ein realeres Bild der tatsächlichen Zustände zu bekommen, da die Informationen, die dieser Studie zu Grunde liegen, direkt aus der Praxis kommen. „Die Reflexionsgruppe [...] forderte die VRE-Mitgliedsregionen auf, an einer Konsultation zur Regionalentwicklung und zu den Strukturfonds der EU teilzunehmen. Im Fragebogen wurden die Regionen außerdem gebeten, ihre derzeitige Arbeit zu beschreiben und ihre Ansichten darüber zu äußern, wie die zukünftige Regionalpolitik ihre Arbeit auf regionaler Ebene unterstützen soll." (VRE 2007, 2)

Die Hauptprobleme bei der Umsetzung der derzeitigen Regionalpolitik sind vor allem verwaltungstechnischer Natur, Geldmangel, Verzögerungen, Mangel an Erfahrungen, Personal und statistischen Daten. Um aber einen integrierten und flexiblen Ansatz Wachstum und Entwicklung erfolgreich umsetzen zu können, müssten vor allem regionale und lokale Behörden mehr Entscheidungsbefugnisse bekommen, die strategischen Ziele müssten weniger und dafür präziser werden, die Flexibilität bei der Umsetzung somit

---

[13] Die Versammlung der Regionen Europas (1985 gegründet) ist das größte unabhängige Netzwerk der Regionen in ganz Europa. Ziele: (vgl. VRE 1999-2004)

- das Subsidiaritätsprinzip, regionalen Demokratie und interregionale Zusammenarbeit zu fördern

- den politischen Einfluss der Regionen Europas bei den Europäischen Institutionen zu stärken

- die Regionen bei der Erweiterung Europas und bei der Globalisierung zu unterstützen

erhöht werden und eine engere Zusammenarbeit und Konsultation gefördert werden um Synergien zu nutzen. Gerade durch die starke Top-Down Ausrichtung der Regionalpolitik kommt es zu einer erheblichen Verwaltungslast für die untersten Ebenen, die somit in der Umsetzung weiter gehemmt werden. All dies führt letztlich zu einer ineffizienten Verwendung der Gelder.

Grundsätzlich lassen sich daraus folgende Empfehlungen ableiten:

Die EU-Regionalpolitik ist notwendig, da die durch die Globalisierung entstandenen Probleme alle betreffen und nur auf einer gesamtstaatlichen Ebene effizient angegangen werden können. Trotzdem müssen die Regionen stärker mit einbezogen werden um eine maßgeschneiderte und somit effiziente Regionalpolitik entwerfen zu können. Zusätzlich müssen territoriale Kooperationen und Netzwerke gestärkt und ausgeweitet werden um die Wettbewerbsfähigkeit in allen Regionen zu erhöhen. Außerdem muss die Effizienz der Investitionen erhöht werden um stärkere Synergien zu erzielen. Dies könnte beispielsweise durch eine Abstimmung der Regionalpolitik mit anderen Gemeinschaftspolitiken und dem Einbezug weiterer Kennziffern (außer dem BIP) bei der Verteilung der Finanzmittel erreicht werden. (vgl. 2007, 3-13)

Insgesamt lässt sich also festhalten, dass die niedrigsten Instanzen, die die Politik auch umsetzen, gestärkt werden müssen, sei es durch weitere Förderungen, Fortbildungen, Foren oder andere Maßnahmen. Nur so ist eine effiziente Umsetzung der EU-Politik erreichbar, egal ob sie auf Wachstum oder Ausgleich abzielt. Die EU steckt hier trotz Jahre langer Erfahrungssammlung praktisch noch in den Kinderschuhen. Dies ist allerdings durchaus verständlich, wenn man beachtet, wie schnell sich der globale Kontext verändert und wie heterogen der Planungsraum im Einzelnen ist – nicht nur wirtschaftlich sondern auch sozial, kulturell, geographisch und historisch. Im Endeffekt bietet diese Diversität aber auch ein enormes Potenzial für eine ausgeglichene Wettbewerbsfähigkeit, das nur noch nicht effizient genug genutzt wird.

„Wir glauben, dass die Regionen die beste Ebene sind, um den Herausforderungen der nachhaltigen Entwicklung in Europa zu begegnen, auch in einem globalen Kontext. Die Regionen sind in der Lage, bei der Gestaltung einer besseren Zukunft für unsere Bürger eine aktive Rolle zu spielen, aber sie müssen von der staatlichen und der europäischen Ebene besser unterstützt werden.“

Thomas Andersson

Vorsitzender VRE Reflexionsgruppe zur zukünftigen Kohäsionspolitik 2007

Literaturverzeichnis:

BUNDESAMT FÜR BAUWESEN UND RAUMORDNUNG (2009): Wirtschaftliche
Konvergenz auf verschiedenen räumlichen Ebenen: Der Konflikt zwischen
Kohäsion und Wachstum.
URL: http://www.bbsr.bund.de/cln_015/nn_23478/BBSR/DE/Veroeffentlichungen/RuR/
2006/01Beitraege/Kramar.html (Abrufdatum: 10. August 2009)

BUNDESMINISTERIUM FÜR BILDUNG UND FORSCHUNG (2003): Allgemeine
Informationen zum Bereich "Forschungspotenzial"
URL: http://www.eubuero.de/arbeitsbereiche/forschungspotenzial (Abrufdatum: 10.
August 2009)

BUNDESMINISTERIUM FÜR WIRTSCHAFT UND TECHNOLOGIE (2009): Nationaler
Strategischer Rahmenplan 2007-2013 (NSRP).
URL: http://www.bmwi.de/BMWi/Navigation/Europa/EU-Strukturpolitik/nationaler-
strategie-rahmenplan-07-13.html (Abrufdatum: 10. August 2009)

EQUAL COMMON DATABASE (2009): Employability - (Re-)integration to the labour
market
URL: https://webgate.ec.europa.eu/equal/jsp/dpComplete.jsp?cip=SI&national=14#
national_ partner_0 (Abrufdatum: 11. August 2009)

ESPON ATLAS (2006): Mapping the structure of the European territory
URL: http://www.espon.eu/mmp/online/website/content/publications/98/1235/file_2489/
final-atlas_web.pdf (Abrufdatum: 11. August 2009)

EUFIS – BANK FÜR SOZIALWIRTSCHAFT (2009): EU-Glossar.
URL: http://www.eufis.de/eu-glossar.html?&type=0&uid=225&cHash=74968b1938
(Abrufdatum: 11.August 2009)

EUROPÄISCHE KOMMISSION (2009): Europäischer Sozialfonds – In Menschen
investieren.
URL: http://ec.europa.eu/employment_social/esf/index_de.htm (Abrufdatum: 11. August
2009)

EUROPÄISCHE KOMMISSION (2007): Das Programm Phare.

URL: http://europa.eu/legislation_summaries/enlargement/2004_and_2007_enlargement/ e50004_de.htm (Abrufdatum: 10. August 2009)

EUROPÄISCHE UNION (2006): Amtsblatt - Entscheidung des Rates über strategische Kohäsionsleitlinien der Gemeinschaft.

URL: http://ec.europa.eu/regional_policy/sources/docoffic/2007/osc/l_29120061021de00 110032.pdf (Abrufdatum: 10. August 2009)

EUROPÄISCHE UNION (2007): EFRE: Europäischer Fonds für regionale Entwicklung

URL: http://europa.eu/legislation_summaries/employment_and_social_policy/job_ creation_measures/l60015_de.htm (Abrufdatum: 11. August 2009)

EUROPÄISCHE UNION (2008): Regionalpolitik – Das Wohlstandsgefälle abbauen.

URL: http://europa.eu/pol/reg/overview_de.htm (Abrufdatum: 10. August 2009)

EUROPÄISCHE UNION -INFOREGIO (2008): Geschichtlicher Überblick.

URL: http://ec.europa.eu/regional_policy/policy/history/index_de.htm (Abrufdatum: 10. August 2009)

EUROPÄISCHE UNION-INFOREGIO (2008): Der Kohäsionsfonds auf einen Blick.

URL: http://ec.europa.eu/regional_policy/funds/procf/cf_de.htm (Abrufdatum: 10. August 2009)

EUROPÄISCHE UNION-INFOREGIO (2009): Slowenien - Operationelles Programm 'Entwicklung der Bereiche Umwelt und Verkehrsinfrastruktur'.

URL: http://ec.europa.eu/regional_policy/country/prordn/details_new.cfm?gv_ PAY=SI&gv_reg=ALL&gv_PGM=1228&LAN=4&gv_per=2&gv_defL=4 (Abrufdatum: 11. August 2009)

EUROPÄISCHE UNION-INFOREGIO (2009): Slowenien - Operationelles Programm 'Stärkung des Regionalentwicklungspotenzials'.

URL: http://ec.europa.eu/regional_policy/country/prordn/details_new.cfm?gv_ PAY=SI&gv_reg=ALL&gv_PGM=1227&LAN=4&gv_per=2&gv_defL=4 (Abrufdatum: 11. August 2009)

EUROSTAT (2004): Portrait of the Regions – Zasavska.

URL: http://circa.europa.eu/irc/dsis/regportraits/info/data/en/si005_eco.htm (Abrufdatum: 11. August 2009)

FREY R., ZIMMERMANN H. (2005): Neue Rahmenbedingungen für die Raumordnung als Chance für marktwirtschaftliche Instrumente.

URL: www.nsl.ethz.ch/index.php/content/download/1100/6759/file/ (Abrufdatum: 12. August 2009)

INTERREG IVC JOINT TECHNICAL SECRETARIAT (2009): About the INTERREG IVC Programme.

URL: http://www.interreg4c.net/programme.html (Abrufdatum: 10. August 2009)

INVEST SLOVENIA (2008): Osrednjeslovenska Region.

URL: http://www.investslovenia.org/regionen/osrednjeslovenska/ (Abrufdatum: 11. August 2009)

INVEST SLOVENIA (2008): Zasavska Region.

URL: http://www.investslovenia.org/regionen/zasavska/ (Abrufdatum: 11. August 2009)

KRAPPWEIS, STEFAN: Konkurrierende Leitbilder – Ausgleich versus Wachstum.

URL: http://planung-tu-berlin.de/Profil/Raumordnerische_Leitbilder.htm#Ausgleich (Abrufdatum: 10. August 2009)

ÖIR-INFORMATIONSDIENSTE GmbH (2008): Länderinformation Slowenien.

URL: http://www.wisdom.at/euost/pdf/Li_Slowenien.pdf (Abrufdatum: 11. August 2009)

ÖSTERREICHISCHE RAUMORDNUNGSKONFERENZ - ÖROK (2008): ESPON

URL: http://www.oerok.gv.at/contact-point/espon.html (Abrufdatum: 11. August 2009)

PRASNIKAR, MANCA (2000): Zagorje ob Savi: A mining town makes ist way.

URL: http://www.tu-dresden.de/ioer/statisch/FOCUS/PDF/sv_cs_1.pdf (Abrufdatum: 11. August 2009)

REGIONALKUNDE RUHRGEBIET (2009): Metropole Ruhr im Kontext europäischer und
deutscher Metropolregionen.
URL: http://www.ruhrgebiet-regionalkunde.de/zukunftsperspektiven/metropole_
ruhr/mr_im_Kontext.php?p=5,2,2 (Abrufdatum: 11. August 2009)

REMINING-LOWEX (2009): Location Zagorje.
URL: http://www.remining-lowex.org/Locations/locationHome/location/4/main/11
(Abrufdatum: 11. August 2009)

SEINE MAJESTÄT DER KÖNIG DER BELGIER et al. (1957): Vertrag zur Gründung der
Europäischen Wirtschaftsgemeinschaft.
URL: http://eur-lex.europa.eu/de/treaties/dat/11957E/tif/TRAITES_1957_CEE_1_XM
_0174_x111x.pdf (Abrufdatum: 10. August 2009)

SLOVENIAN TECHNOLOGY AGENCY (2007-2009): About us.
URL: http://www.tia.si/o_agenciji,533,0.html (Abrufdatum: 11. August 2009)

TECHNOLOSKI PARK LJUBLJANA (2003-2006): Aktivities, Vision, Mission, etc.
URL: http://www.tp-lj.si/en/ (Abrufdatum: 11. August 2009)

THE REPUBLIC OF SLOVENIA – GOVERNMENT OFFICE FOR LOCAL SELF-
GOVERNMENT AND REGIONAL POLICY (2007): Operational Programme for
Human Resources Development for the Period 2007-2013
URL: http://www.svlr.gov.si/fileadmin/svlsrp.gov.si/pageuploads/KOHEZIJA/
Programski_ dokumenti/OP-HRD-Slovenia_FINAL.pdf (Abrufdatum: 11. August 2009)

THE REPUBLIC OF SLOVENIA – GOVERNMENT OFFICE FOR LOCAL SELF-
GOVERNMENT AND REGIONAL POLICY (2007): Operational programme of
environmental and transport infrastructure development for the period 2007 – 2013
URL: http://www.svlr.gov.si/fileadmin/svlsrp.gov.si/pageuploads/KOHEZIJA/
Programski_ dokumenti/OP_Environmental_and_Transport_Infrastructure_FINAL.pdf
(Abrufdatum: 11. August 2009)

THE REPUBLIC OF SLOVENIA – GOVERNMENT OFFICE FOR LOCAL SELF-GOVERNMENT AND REGIONAL POLICY (2007): Operational Programme for Strengthening Regional Development Potentials for Period 2007 – 2013
URL: http://www.svlr.gov.si/fileadmin/svlsrp.gov.si/pageuploads/KOHEZIJA/ Programski_dokumenti/OP_Strength_regional_dev_potentials_FINAL.pdf (Abrufdatum: 11. August 2009)

THE REPUBLIC OF SLOVENIA – GOVERNMENT OFFICE FOR LOCAL SELF-GOVERNMENT AND REGIONAL POLICY (2007): National Strategic Reference Framework 2007-2013
URL: http://www.svlr.gov.si/fileadmin/svlsrp.gov.si/pageuploads/KOHEZIJA/ Programski_dokumenti/NSRF_Slovenia_18_06_07_Unoff_eng_trasl.pdf (Abrufdatum: 11. August 2009)

VERSAMMLUNG DER REGIONEN EUROPAS (1999-2004): VRE Studie zur Regionalpolitik 2014+ - Kurzdarstellung.
URL: http://www.aer.eu/fileadmin/user_upload/MainIssues/CohesionRegionalPolicy/DE-TRANSLATION.pdf (Abrufdatum: 12. August 2009)

VERSAMMLUNG DER REGIONEN EUROPAS (1999-2004): Ziel
URL: http://www.aer.eu/de/home.html (Abrufdatum: 12. August 2009)

ZAVODNIK LAMOVSEK, A. et al. (2008): Small and medium-size towns as the basis of polycentric urban development.
URL: http://www.geodetski-vestnik.com/52/2/gv52-2_290-312.pdf (Abrufdatum: 11. August 2009)